瞧，150种创纪录动物

[意]朱莉娅·巴尔塔洛齐（Giulia Bartalozzi） 文
[意]丽塔·贝维尼（Rita Bevini） 图
麻钰薇 译

北京联合出版公司 Beijing United Publishing Co.,Ltd. · 乐音

哺乳动物

哺乳动物分为很多不同的种类，从小小的老鼠到庞大的蓝鲸，它们遍布各大洲几乎所有的环境中。哺乳动物最重要的特征是用乳汁哺育后代。人也是一种哺乳动物。

驼　鹿

最重的角

驼鹿在鹿科动物中体形最大，但真正创造纪录的是雄驼鹿拥有世界上最重的角：角上的“枝杈”非常大，重达 45 千克，长达 2 米。每年春天，雄驼鹿都会更换新角，这样在夏天求偶时，它们就能展现更雄壮的新鹿角了。

羚　羊

跳得最远

羚羊是一种擅长跳跃的动物，实际上，它的纪录是跳远：单次跳跃可达 15 米。有一种“跳羚”，它偶尔会做出一种奇怪的行为：僵着腿、弯着背在原地跳跃。这是它们紧张和恐惧的表现，同时也是让食肉动物分心的手段。

指　猴

指猴生活在马达加斯加，是世界上最大的夜行性灵长动物。它拥有大大的、圆圆的橙色眼睛，在仅有微弱月光的夜晚也能够清楚地视物。捕食时，它会把长长的中指，像棍子一样插入昆虫的洞穴。它的门牙像梳子一样，可以咬住树皮并查探底下是否有食物。

蓝　鲸

蓝鲸不仅是最大的海洋哺乳动物，也是世界上最大的动物：它有 8 头大象排列起来那么长，体重相当于 10 辆公共汽车的重量。幸运的是，它是一种性情温和的动物，一般只吃浮游生物（极小的鱼虾等）。进食时，它会张着嘴游泳，通过长长的、细如发丝的鲸须过滤食物。

麝　牛

世界上毛发最长的动物是格陵兰岛上的麝牛。麝牛凭借厚厚的皮毛，熬过北方漫长的冬季。在它长长的毛发下还有一层短绒毛，即使在远低于零摄氏度的温度下，也能够保持其身体的热量。它的毛发散发出强烈的麝香气味，因此取名时带有“麝”字。

毛发最长

骆　驼

骆驼在很多方面表现一般，但在饮水速度上却是无可争议的冠军。强大的抗旱能力可以让它在沙漠里待上很多天。它喝水速度很快，几分钟就可以喝干 10 桶水，短短 10 分钟就可以喝掉 100 升水。

吉娃娃

最小的狗

吉娃娃是世界上最小的狗。它的体重至多2.5千克，身高一般不超过20厘米，比一只猫还小！吉娃娃是一种宠物狗，尽管体形小，但它的叫声很大。遇到问题时，它会暴躁地吼叫；它还像猫一样，知道如何猎捕老鼠。吉娃娃的毛有短有长，因品种而异。

海　豚

最爱唱歌的哺乳动物

海豚是最爱“唱歌”的哺乳动物！它们群居在一个大集体中，用一种超声波“歌曲”来与同伴交流。这种歌曲人类听不到，鱼类也无法察觉。海豚非常聪明，对人类也十分友善。它们喜欢嬉戏玩闹、快速游动，还会时不时地跃出水面，拍打自己的尾巴。

非洲象

非洲象是陆地上最大的哺乳动物，是当之无愧的冠军！它不仅是陆地上最高、最重的动物，还是鼻子最长、耳朵最大、牙齿最重的动物。它的长鼻子主要用于呼吸并感知嗅觉，也可以用来捡拾东西、洗澡和挠痒痒。一头成年非洲象有 7 辆小汽车那么重！

猎　豹

猎豹是短途奔跑速度最快的哺乳动物。它奔跑的速度可达 115 千米每小时，就像公路上的汽车一样，但最多持续一分钟。猎豹还是唯一一种不会爬树的猫科动物：它不知道如何用爪子扒住树皮而不下滑。

长颈鹿

长颈鹿是最高的哺乳动物，身高可达 6 米（像两层楼房那么高）。长颈鹿的幼崽刚出生时身高就可达 2 米。当然，它也是腿和脖子最长的动物。对于长颈鹿来说，低头是真正的挑战：这也是它们喜欢吃树上的叶子的原因。长颈鹿的角的数量也创下了纪录，实际上它有 6~7 个角，可能你很难注意到，因为这些角很短且被皮毛覆盖。

爱尔兰猎狼犬

狗是世界上外观和大小差异最大的物种。和小小的吉娃娃狗相反，爱尔兰猎狼犬是世界上最高的狗。这种狗的身高通常超过 85 厘米，有的可达 1 米。爱尔兰猎狼犬是一个非常古老的品种，因为其勇敢又听话的性情，在爱尔兰也被用来狩猎狼和鹿。

爪哇鼷鹿

爪哇鼷鹿是世界上最小的反刍动物。它比较害羞，只在夜晚活动，寻找草和水果食用。它体重约 2 千克，和一只大兔子差不多重。反刍动物的胃里有一个被称为“瘤胃”（反刍动物的第一胃）的特殊器官，可以使食物经逆呕回到口腔并再次咀嚼。最常见的反刍动物有牛、羊等。

蜂　猴

蜂猴是世界上最小的夜行猴，分布于东南亚及周边地区。它只有 20 厘米高，可以坐在人的手心里。蜂猴没有尾巴！由于样子古怪，在很长一段时间里，人们都不认为它是一种无害、可爱的小动物，而是认为它会带来厄运。蜂猴住在树上，用“手脚”抓握树枝，在林间穿行。

猪

猪绝对是哺乳动物中后代最多的：母猪一次分娩最多可产下 34 只幼崽（平均为 15~20 只）。猪非常漂亮、可爱：全身粉红色，卷卷的尾巴看起来像一个开瓶器。哺乳期间，每只小猪都会选择一个乳头来吮吸，猪宝宝们排成一排依偎在母亲身边，不会和其他兄弟姐妹发生争抢。

山魈（xiāo）

雄山魈是毛发颜色最多的哺乳动物。这是一种生活在非洲的猴科灵长类动物。每个族群由一只雄山魈统治，它几乎是所有幼崽的父亲。亮丽的颜色令雄山魈更吸引雌性的眼球：它的脸部有红色和蓝色的毛发，胡须是黄色的，而屁股是蓝色或紫色的！为了吓退求偶竞争对手或者食物掠夺者，雄山魈会挥舞双臂，并展示自己的牙齿。

南　猊

南猊是地球上最古老的有袋动物：它生活在智利和阿根廷的山区中，生存时间可追溯到 1 亿年前。雌南猊的腹部有一个育儿袋，温暖、安全，用来保护、养育柔弱的幼崽。更为人们熟知的有袋动物是袋鼠和考拉。

最古老的有袋动物

凹脸蝠

凹脸蝠是体形最小的哺乳动物，体重不足 2 克，像 10 粒沙子那么轻。凹脸蝠群居在庞大的集体中，喜欢吃昆虫，在夜间尤其活跃。它们把自己包裹在翅膀里，倒挂着睡觉。凹脸蝠的翅膀不像鸟类那样被羽毛覆盖，而是由非常厚的皮肤构成，也就是所谓的“翅膜”。

最小的哺乳动物

美洲狮

哺乳动物界的跳高纪录由美洲狮保持。这是一种大型猫科动物，看起来非常像猫，甚至连皮毛的颜色与猫也非常相似。它分布在北美洲和南美洲，跳跃高度可达 7 米，甚至不需要助跑。与其他品种的狮子和老虎这样的大型猫科动物不同，美洲狮不会咆哮，但会发出“嗖嗖”“呼噜”等有趣的声音。

合趾猿

合趾猿是一种大型类人猿，它们的叫声非常响亮，可以传到 8 千米外的地方。合趾猿的喉咙下有一个大袋子，可以膨胀并放大声音，所以它们的叫声才如此震耳欲聋。除此之外，合趾猿还有一项特殊的本领：它只用一只手臂就能挂在树上几个小时，同时另一只手可以吃树叶、水果和昆虫等。

鼹　鼠

鼹鼠是世界上眼睛最小的动物。它全身的构造都是为了适应地下生活而生长的。因为它们终生都待在黑暗的地下，眼睛非常小但足够用，且眼睛上面还覆有薄膜来防止尘土进入。事实上，虽然鼹鼠的视力很弱，但它们并不是完全看不到东西。

老　虎

老虎是最大的猫科动物，各亚种之间的体形和形态差异很大，如西伯利亚虎的体重能达到 400 多千克！老虎是一种非常强壮的动物，喜欢单独活动，能够捕猎比它大得多的猎物。它拥有黑色和橙色条纹交织的美丽皮毛，在狩猎时可以让自己与环境融为一体。实际上，它跑得不是很快，所以如果不想饿肚子，就必须出其不意地捕食猎物！

最大的
猫科动物

普通田鼠

在生育后代方面，唯一能与猪竞争的动物是田鼠。事实上，雌田鼠从出生后 15 天起就可以繁衍后代了，每年甚至可以分娩 15 次，每次产下 5～10 只重量不足 2 克的幼崽。雌田鼠在一生中平均分娩 33 次，生下约 130 只后代。真是一个大家庭！

小鼩鼱 (qú jīng)

小鼩鼱以贪吃闻名动物界。这是一种体重约为 3 克的小型哺乳动物，以昆虫为食，每天能吃掉相当于自身体重 3～4 倍的食物。就如同一个人吃了 2 头猪、30 只鸡、300 个鸡蛋、50 个梨、3 个菠萝和 20 个巧克力棒！它每天 24 小时不间断进食，如果停止，短时间内就会死亡。对它来说，活着就是为了吃！

纪录卡
RECORD FLASH

盘羊马可波罗亚种

它拥有最长的角：
长达 2 米，
并且是螺旋的！

食蚁兽

它有最长的舌头：
长达 60 厘米，
是人类舌头长度的
10 倍！

豪猪

它是刺最长的
啮齿目动物：
长达 40 厘米。

北部蹶鼠

它是自然界
最贪睡的动物：
冬眠期长达 8 个月！

吼猴

它的吼叫声最大：
用这种方式
捍卫领地！

袋鼠

走路姿势最有趣：
散步就是跳跃。

犀牛

拥有自然界
最坚韧的皮肤：
像护盾一样。

飞狐猴

它的胆子最大：
可以一下快速滑翔
100 多米。

鸟 类

世界上有很多种鸟，虽然大小、颜色和习性都彼此不同，但无一例外的是，它们都有翅膀。即使那些很少飞或根本不飞的鸟，也都拥有翅膀。大多数鸟类能够自由地在空中飞行很长的距离——飞机就是人们通过观察鸟类飞行发明的！

漂泊信天翁

漂泊信天翁以长达 3.3 米的翼展保持着世界纪录。长而窄的翅膀让它们可以优雅、轻松地飞行，就像飞机一样！它的喙呈橙色，上有凸出的鼻孔，嗅觉非常灵敏；身上的羽毛是白色的，翅膀是黑色的。它把巢筑在靠近海边的高处，会用张开翅膀的方式互相打招呼。

楔尾雕

xiē

在所有猛禽中，楔尾雕的视力最好。即使飞行在 1500 米以上的高空中，它的眼睛仍然可以看清那些隐藏在草丛或灌木丛中的小猎物身上的细节。或许正因为如此，眼神好的人也会被形容为“拥有一双鹰眼”。楔尾雕生活在澳大利亚，其特殊的尖尾巴很容易识别。

红绿金刚鹦鹉

红绿金刚鹦鹉拥有绚丽多彩的羽毛，是这个世界上最美丽的鸟类。它们身体上的羽毛大部分是红色的，但翅膀上的羽毛却有绿色、黄色和蓝色多种，色彩斑斓。像所有的鹦鹉一样，红绿金刚鹦鹉也有尖利的钩状喙；它们的爪子非常特别，两个指头朝前，两个指头朝后，而不是像一般鸟类那样三个指头朝前，一个朝后。它们通常栖息在南美洲的森林里。

猫头鹰

猫头鹰有着自然界最灵活的脖子。它们可以 180 度旋转自己的头，所以也能够看到身后的一切。它们能长时间保持一个姿势，并且很难被其他的捕食者抓住，因为即使最小的噪声也会令它们警惕。它们的眼睛呈奇怪的黄色，白天和夜晚视力都很好，但它们更喜欢在黎明和日落时捕食。

蜂　鸟

蜂鸟是世界上最小的鸟：它们的重量只有约 2.5 克，巢和核桃差不多大。与其他鸟类不同，蜂鸟不仅可以向前飞翔，而且还可以向后或者两侧飞翔！除此之外，它们还能悬停在空中，停在恰好能吸到花蜜的地方，这可真令人羡慕！

维多利亚冠鸠

美丽的维多利亚冠鸠是世界上最大的鸠鸽，因为头上的羽毛看起来像是皇冠的形状，所以有了这个名字。维多利亚冠鸠非常自负，它们会在飞行和求偶时展现自己美丽的蓝色羽毛。小维多利亚冠鸠也拥有可爱的“小皇冠”。

安第斯神鹫

安第斯神鹫是一种大型猛禽，体重可达 10 千克。它们的外表非常特别：头颈完全裸露，除了一圈白色的羽毛领子，身体其余部分都被黑色的羽毛覆盖。它们的喙非常坚硬，可以啄食较大的动物尸体。它们多居住在安第斯山脉，哥伦比亚和火地岛之间。

乌　鸦

乌鸦是自然界中最喋喋不休的鸟类。一些科学家认为，乌鸦至少懂得 300 个词语，远超过一个一岁孩子的水平。很遗憾，我们还不能理解乌鸦的语言，但谁知道在将来，我们会不会知道它们聚在田野或者屋顶叽叽喳喳时，到底在念叨什么呢！

斑胸草雀

斑胸草雀是一种非常友善又乖巧的小鸟。它们形似麻雀，生活在澳大利亚的干旱地区。人类对它们的歌声做了很多研究，有很多有趣的发现，例如，当雄斑胸草雀大声鸣叫时，意味着它想把其他鸟类从群体中驱逐出去。在求爱时，雌性更青睐于能够"唱"出更多旋律的雄性。

白冠长尾雉

白冠长尾雉是尾巴最长的鸟。它栖息在亚洲中东部的森林里，尾巴可长达 2 米。雌白冠长尾雉的羽毛多为单调的深色，雄性的羽毛颜色更加丰富：身体覆盖着金色鳞片状的羽毛，腿呈灰色，头呈白色，眼睛周围的黑色羽毛像戴了一副小面具，长长的尾巴布满银白色和棕色的斑纹。

游　隼

游隼的飞行速度无与伦比：可达 350 千米每小时，像 F1 赛车一样快！它们拥有强大的爪子、坚固的喙和一双视力绝佳的大眼睛，可以发现很远处的猎物。它们把巢建在树上、岩石间或者空树洞中。小游隼刚出生时，身体表面就覆盖着细软的绒毛。

火烈鸟

火烈鸟是鸟类中脖子和腿的长度纪录保持者。它们区别于其他动物的最大特点是粉红色的外表，这是它们所食用的虾里所含的物质造成的，就好比我们吃了沙拉大便会变成绿色一样。火烈鸟是社会性鸟类，一个集体中往往居住着数以万计的火烈鸟。小火烈鸟们通常会扎堆聚集在一起，直到 3 个月大。

澳大利亚鹈鹕

世界上喙最长的鸟类是澳大利亚鹈鹕：长达50厘米，足足半米！像其他鹈鹕一样，它们的喙下面也有一个袋子，用于收集鱼类。这种鸟的独特之处在于眼睛周围有一圈黄色或黑色，因此它们还有一个昵称是“戴眼镜的鹈鹕”。它们的身体主要是白色的，翅膀呈黑色。

企鹅

企鹅真是太有趣了！它们属于鸟类，但不能飞翔：它们的翅膀太小，无法抬起自己肉乎乎的身体！但它的翅膀还是有用的，用作桨来划水：游得又快又好。企鹅是游泳健将，以鱼、乌贼、虾和鱿鱼等为食。为了捕食，它们可以潜到很深的水下，待相当长的时间。企鹅的脂肪像是一个热水袋，为它们在极冷的地方生存保暖。

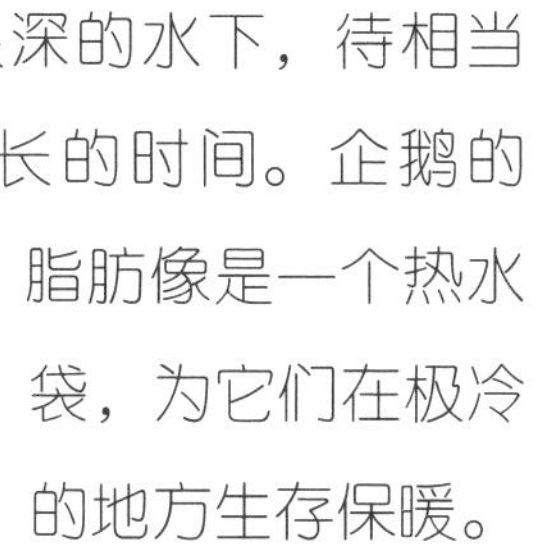

北极燕鸥

北极燕鸥是一种候鸟，它们夏季在北极，冬季在南极，每年两次从地球的一端飞到另一端，是迁徙距离最长的候鸟，真正的环球旅行鸟！燕鸥每次行程长达 2 万千米，它们会不停地吃东西：饥饿时，燕鸥会潜入水中捕鱼，并在飞行中吃掉这些鱼。

潜　鸟

潜鸟是一种水鸟，它们能发出尖锐的啸声，在 2 千米外的地方都能听见，这也用来宣示它们的领地。潜鸟非常害羞，害怕人类接近。它们在地面上移动十分困难，但却是游泳健将。潜鸟一出生就知道如何潜水，但因为水通常很冷，它们更喜欢骑在父母的背上。

鸵　鸟

鸵鸟是世界上最大的鸟。它身高可达 3 米，像公共汽车一样高；体重可达 150 千克，有两个成年人那么重。它产的蛋也是世界上最大的，最重的鸵鸟蛋可达 1 千克，如果做成煎蛋卷足够 12 个人吃！因为翅膀太大、太重，鸵鸟不会飞，但是它跑得很快，就像一匹奔驰的骏马。

鲣　鸟

鲣鸟可以从 50 米的高处俯冲。当它们冲入水中时，身体呈箭头状，翅膀收紧在体侧。它们像炮弹一样落在鱼身上，抓住鱼儿并返回水面食用。借助俯冲的力量，鲣鸟就能下潜 3～5 米深，通过游泳，它们能抵达水下 10～12 米深的地方。它们的眼睛在鼻子前方，所以能够准确无误地抓住鱼。

厚嘴巨嘴鸟

厚嘴巨嘴鸟拥有自然界中最五彩斑斓的喙，它的喙有五种颜色：绿色、淡蓝色、橙色、黄色和紫色。正是因为有如此鲜艳亮丽的外表，它也被戏称为“森林小丑”。巨大的喙让厚嘴巨嘴鸟可以在特殊的求爱仪式中互相投喂多汁的水果。

极乐鸟

极乐鸟生活在巴布亚新几内亚、印度尼西亚和澳大利亚的森林中，是最具实力的表演家。它以华丽的表演闻名，时常展示自己的羽衣。在交配期间，森林就成了真正的“婚礼舞台”，在“舞台”上，雄极乐鸟会为雌极乐鸟演出。每一只极乐鸟的表演都是独一无二的。

纪录卡

RECORD FLASH

蛇鹫

鸟类中的飞行运动员：
每天可以飞行20千米。

双角犀鸟

喙最奇怪：
就像一个小小的头盔。

苍鹭

最机智的鸟：
利用白蜡树来捕食！

蓝孔雀

最自负的鸟：
以展示自己色彩斑斓的尾羽而闻名。

织布鸟

最会筑巢：
筑的巢柔韧又结实。

普通燕鸥

最爱潜水：
经常俯冲进水中捕鱼。

凤头麦鸡

善于飞行：
常在空中上下翻飞，迁徙季喜欢成群往返于南北方。

啄木鸟*

拥有最长的舌头：
可以捕捉树干中的昆虫。

* 啄木鸟的舌头可以伸出超过喙长三倍的距离，就身体比例而言，啄木鸟拥有最长的舌头。

鱼　类

鱼是非常古老的动物，实际上它们已经在地球上生活了数亿年。在这段时间里，它们适应了在各种不同类型的水中生活：无论水是咸的还是淡的，是热的还是冷的，是深的还是浅的。有些种类的鱼体形非常大，有些非常小，并且鱼也有很多不同的颜色。不过由于水是鱼永远的家，所有的鱼都长有鳍，并且游泳技能很棒！

大西洋鲱（fēi）

大西洋鲱是世界上数量最多的鱼类。它的身体呈锥形，长约 30 厘米，上面覆盖着银色的鳞片。大西洋鲱生活在大型“群集”中，即一种行动一致的庞大鱼群。群体中有成千上万的鲱鱼，队伍有时蔓延数十千米！鲱鱼进食的时候，会循着光线前进，白天它们前往海底，甚至是极深的地方，晚上又会回到海面上。

叶海龙

海中最优雅的居民肯定要数叶海龙了：它流苏状的鳍像是一片片叶子，当鳍来回晃动时，很容易被误认为是浮动的水藻。叶海龙的一个特点是由雄性孵化后代。雌性把卵放入一个特殊的育婴囊里，而这个囊只有雄性才有，幼崽在囊中孵化并分娩。

黑鳍溅水鱼

黑鳍溅水鱼是唯一一种将卵从水中分离出来的鱼类，这样可以保护它们的后代免受掠食者的威胁。黑鳍溅水鱼交配时像是表演杂技：雌性跃出水面，悬挂在水面的叶子上，在那里安放自己的卵；然后雄性也跳起来，用鱼鳍缠住雌性，也悬挂在叶子上给卵受精，这些卵会在接下来的 30 个小时内孵化。

弹涂鱼

弹涂鱼是唯一一种离开水也能安然生活的鱼：除了游泳，它们还能从一个水洼爬到另一个水洼！它们通过潮湿的皮肤吸收氧气。弹涂鱼甚至能够爬树，它们的鳍和肚子下面有特殊的吸盘，可以帮它们附着在树干上。弹涂鱼生活在红树林里，那里的树很特别：一半浸在水中，一半露在外面。

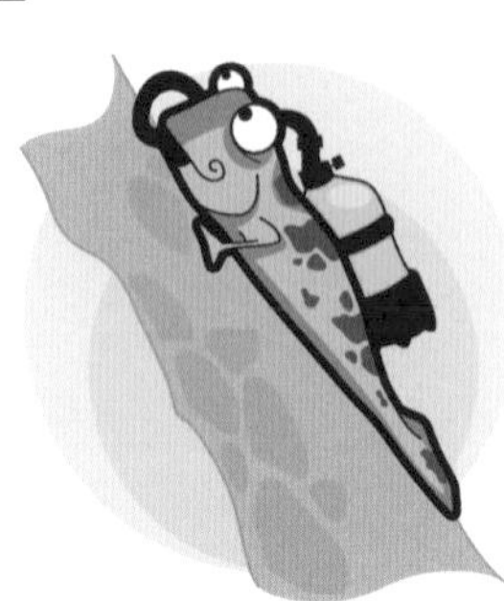

射水鱼

顾名思义，射水鱼是鱼类中最优秀的射手，从它们口中可以喷出长长的、强有力的水柱，能击中在水洼边叶子上休息的昆虫。它们也可以捕捉飞过水面的昆虫，哪怕距离 3 米之外也从不失手。多么精准的射击！

彼氏锥颌象鼻鱼

彼氏锥颌象鼻鱼是大脑体积最大的鱼类。就体量而言，它们的大脑和人类的差不多大，事实上它们也相当聪明。它们的名字来源于长长的下颌，这个特殊的造型看起来就像大象的长鼻子，可以帮助它们在泥泞的水域里探察、寻找食物。它生活在非洲等地的淡水里。

玫瑰毒鲉

玫瑰毒鲉生活在热带海域的珊瑚礁里，是世界上毒性最强的鱼类。它们背鳍上的刺有剧毒，刺入猎物时就像针一样注射毒液。这是一种很难被发现的鱼，因为它们总是在珊瑚间一动不动，完全与背景融为一体。这就是为什么它们可以杀死一个不知不觉闯入的人。

皇带鱼

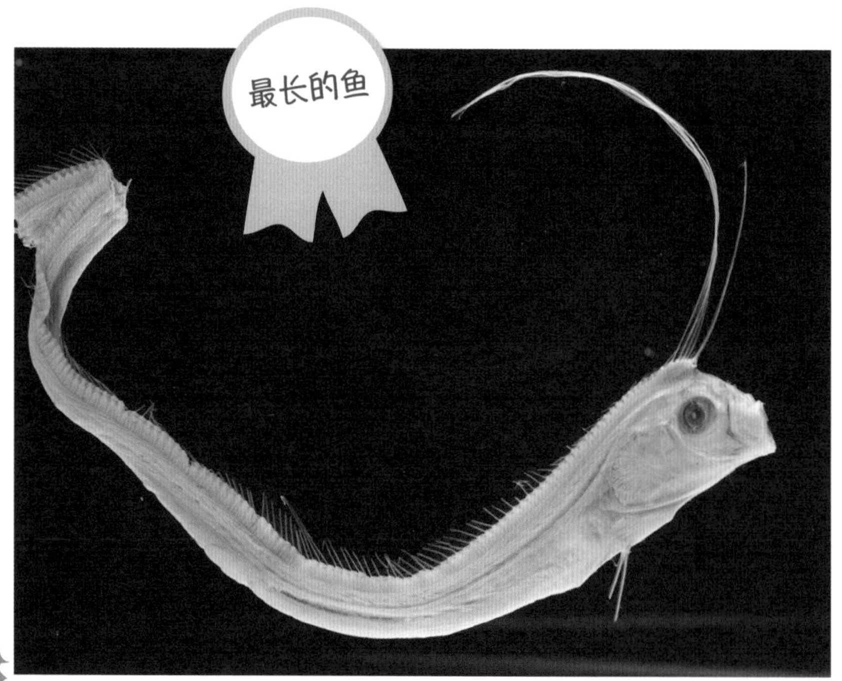

皇带鱼是最长的硬骨鱼，体长可达 17 米。它的名字源于其特殊的细长外表，让人联想起船桨。它们是深海鱼类，生活在 200～1000 米深的海里，一般人们很难见到。人们在捕获皇带鱼之前，一直认为它们是仅存在于传说中的海蛇。

短头深海狗母鱼

短头深海狗母鱼不像其他鱼那样悬浮在水中游动，而是由一些像腿一样的纤细鱼鳍托起身体。它们生活在深海里，可以长时间保持不动，静静等待自己的猎物。从远处看，它就像一艘潜水艇，有三个下放的锚，其中两个在腹部，另一个在尾部。

平鳍旗鱼

平鳍旗鱼是游泳最快的鱼。长达 4 米的巨大背鳍甚至能有 1.5 米高，像帆一样。这种鱼非常平静、沉稳，但当它们以最高速度（110 千米每小时，几乎是最快的核潜艇的两倍！）游泳时，会将身体折叠，把水对身体的阻力降至最低。平鳍旗鱼生活在热带水域，通常一大群集体行进。

鮟鱇鱼

鮟鱇鱼是目前已知生活在海洋最深处（超过1500 米）的一种鱼。事实上，即使对深海鱼类来说，也已经很难继续下潜到更深的地方了，因为深海强大的压力甚至可以把人压碎。深海里的鮟鱇鱼是深褐色或黑色的，它们一般张着大嘴待在海底静止不动，等待猎物被其口鼻处明亮的诱饵吸引过来。

大菱鲆

大菱鲆是最擅长伪装的鱼，事实上它们的颜色非常接近海底的地面，趴在海底时可以完全与环境融为一体。幼年的大菱鲆和大多数种类的鱼一样，眼睛长在口鼻的两侧，但随着慢慢长大，它的其中一只眼睛会越来越靠近另一只，所以成年大菱鲆的两只眼睛都在同一侧。

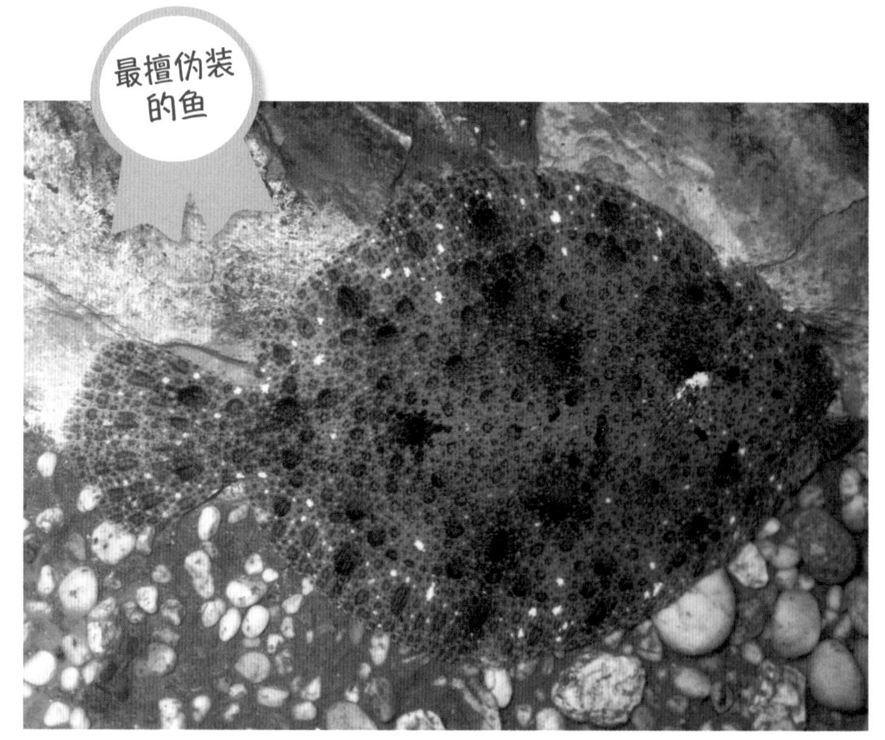

赤　鲉

赤鲉可以说是最丑的鱼，所以有谚语说“丑得像赤鲉”！它的外观奇特，看起来更像是一块岩石或一种藻类，而不是一种鱼。这种外观可以迷惑猎物，趁其毫无防备时发动突然袭击。它们的背鳍具有毒性。赤鲉一般栖息在岩石或沙质海底，或隐藏在礁石中。

鲸　鲨

鲸鲨是世界上体形最大的鱼类。它的体长可达 18 米，如同一辆校车那么长；体重可达 20 吨，相当于 20 辆小汽车的重量。鲸鲨居住在海洋中，蓝绿色的皮肤上有奇怪的白色圆点。它们的鼻子宽阔而扁平，口也很宽。然而，它们只以浮游生物和小型鱼类为食，即使受到攻击也不具侵略性。鲸鲨非常长寿，据说可以活 150 年。

大白鲨

对人类和其他鱼类来说，大白鲨是最令人恐惧的海洋掠食者。事实上，它们通常不会攻击人类，除非感觉受到威胁或者非常饥饿时。一个庞然大物，身体隐于水下，只露出一部分鳍；它们张着血盆大口，牙齿像切牛排的刀一般锋利，快速向你靠近……这样的画面想想就十分可怕！

欧洲鳇

欧洲鳇是世界上最昂贵的鱼类，因为它的卵可以制作品质最好的鱼子酱：一条 4 米长的雌欧洲鳇一生可以产 180 千克的卵。鱼子酱由鲟鳇鱼类的卵制成，是一种非常受欢迎的食物。一小罐鱼子酱的价钱甚至可以购买 100 个冰激凌球！在春、夏、秋三季，欧洲鳇沿着最大的河流洄游，冬季时前往大海。

纪录卡 RECORD FLASH

双髻鲨

拥有**最灵敏的鼻子**：在浑浊的水中也能辨别方向。

虎鲨

最贪吃：
它们会吃掉发现的所有东西，甚至铁罐头！

蝠鲼

拥有最大的吻宽：
长达 7 米！

鳗鱼

迁徙距离最长：
可以从欧洲大陆的河流一直游到大西洋！

魟鱼

尾巴最危险：
有两条毒刺。

阿拉斯加鳕鱼

保持着产卵数量最多的纪录：
每年约 1500 万枚！

梭子鱼

拥有最锋利的牙齿：
能够快速捕捉猎物。

短壮辛氏微体鱼

最小的鱼：
一般只有 7 毫米长。

腔棘鱼

最古老的鱼：
从恐龙时代就已经存在了！

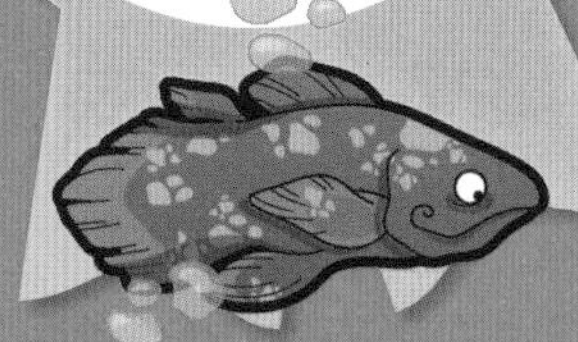

爬行动物和两栖动物

爬行动物是最像恐龙的动物，也是我们这颗星球上最古老的一群居民，海龟、鳄鱼、蜥蜴和蛇都是爬行动物。而两栖动物，如青蛙，在漫长的演化过程中，变成了既能在水中又能在陆地上生活的动物。

蚺

最重的蛇

蚺是世界上重量最大的蛇类：它们一般生活在树上，通过缠绕使猎物窒息而死。和几乎所有蛇类一样，它们可以通过特有的器官感受周围的温度，哪怕没有看到，也能辨认出温血动物（比如鸟类和哺乳类动物）的所在。这些传感器被称为“热眼”。

变色龙

最会伪装

变色龙的变色能力在动物中是独一无二的，它们可以把自己伪装成周围环境的颜色，让敌人难以发现。变色龙一般生活在树上，用脚趾握住树枝，或者以长长的尾巴缠卷树枝。它们移动缓慢而小心，好像风中摇曳的叶子。它们的眼睛呈凸出的锥体，可以朝各个方向旋转，两只眼睛甚至可以分别看向不同的方向。

鳄　鱼

鳄鱼击败所有对手，成为攻击速度最快的纪录保持者。尽管体形较大，但在尾巴的推进下，它们可以跳得又高又快。澳大利亚淡水鳄鱼还知道如何奔跑，就像骏马一样！鳄鱼的血盆大口中密布尖利的牙齿，非常可怕。但有时鳄鱼张着大嘴却不是为了吃东西，而是因为——它们觉得太热了！

南美巨蝮

最大的
毒蛇

南美巨蝮是世界上最大的毒蛇，体长可达3米。它们的体形、黄褐色的体色，以及含有毒素等特点均与响尾蛇相似，只是它们不会振动尾巴。南美巨蝮是善于等待的捕食者：能日复一日地静立不动，等待猎物上钩。

通常，咬住猎物时，它们会把牙齿留在猎物体内，并长出一颗新的牙齿。南美巨蝮多生活在南美洲的森林里。

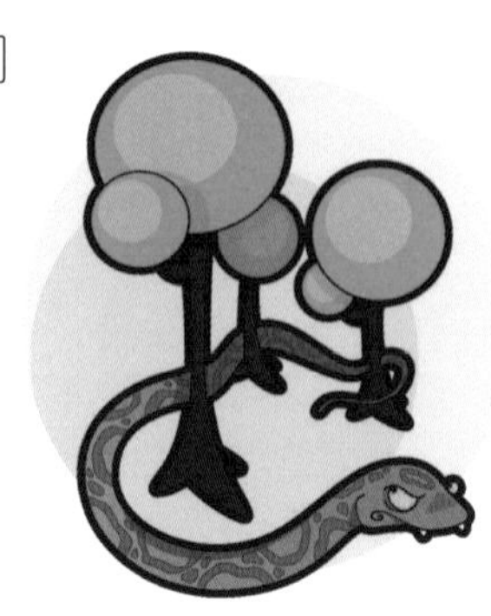

大鳗螈

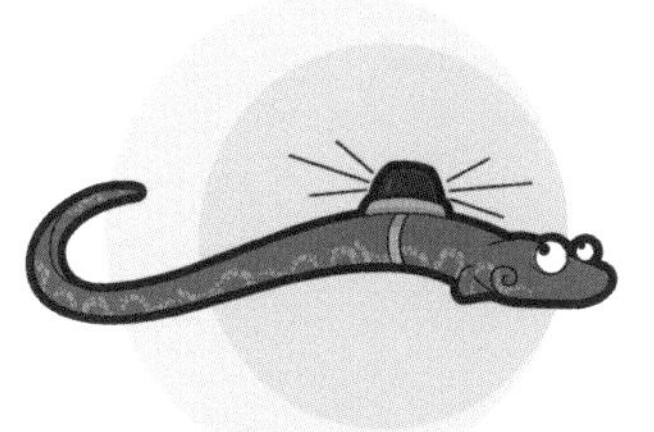

大鳗螈是唯一一种会“说话”的两栖动物。如果它们被抓住，会发出尖叫声，有时也会发出一些“噼啪”的声音。它们一般生活在北美洲，体长可达 1 米。像大鳗螈这样的两栖动物被称为“有尾目”，就像是长了短腿的稍长的鱼，在水中和地面上都能移动自如。在意大利，最常见的有尾目两栖动物是蝾螈。

美洲鬣蜥

美洲鬣蜥是最古老的爬行动物，在远古时代就已经存在了。它们的体长一般为 15～70 厘米；类似蜥蜴，一条嵴从头部延伸到背部。遭到攻击时，美洲鬣蜥会不断摇晃尾巴，试图通过这种方式，将捕食者的注意力吸引到身体的这一部分。因为它的尾巴即使被切断了，也能再长出来。

黑曼巴蛇

黑曼巴蛇是世界上毒性最强的蛇！被它咬一口，其中所含的毒素可以杀死 10 个人。尽管名字中有一个“黑”字，但这种蛇并不是黑色的：它们的背部呈暗绿色，肚子呈淡淡的奶油色。当它们张开嘴时，你可以很清楚地看到它们口腔内部呈黑色，这就是其名字的由来。黑曼巴蛇身体细长，行动灵活、敏捷，速度非常快。

澳洲魔蜥

澳洲魔蜥是最丑的爬行动物。事实上，它的学名“Moloch horridus”中“horridus”一词的意思是“可怕的”！澳洲魔蜥也被称为“多刺魔鬼”，因为它们像仙人掌一样浑身覆盖着刺，让许多掠食者望而却步。它们生活在澳大利亚的沙漠里，只吃蚂蚁。它们的刺还可以用作沟槽，收集露水并从身体的背部输送到嘴边，所以它们从不口渴！

网纹蟒

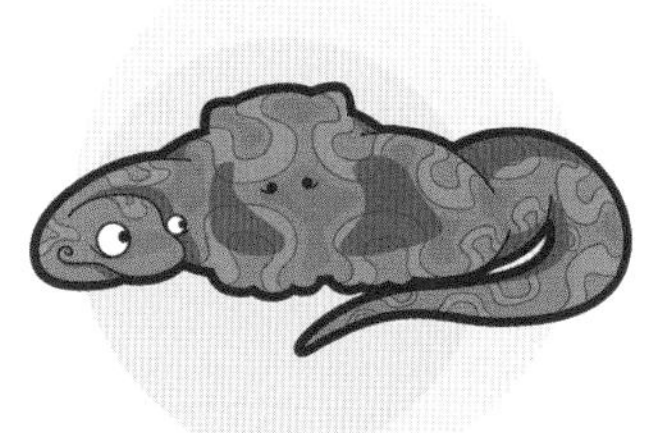

网纹蟒是世界上最长的蛇类：它们的体长可达 10 米，体重可达 140 千克。它们的头很大，身上有金色和黑色相间的图案。网纹蟒捕食的主要特点是通过绞缠使猎物窒息而死，它们甚至能一口吞下非常大的动物！这种能力是由于它们有一张灵活的大嘴和一个弹性十足的身体！

胃育溪蟾

胃育溪蟾是一种吞下卵并使其在胃里发育的青蛙。6～7 个星期后，胃育溪蟾妈妈将发育成幼蛙的宝宝吐出来。这种奇怪的生育方式被称为“胃怀孕”，并且宝宝在母亲胃中发育的时期，为了不伤害它们，母亲的胃甚至不再产生用于消化的酸性液体。

海蟾蜍

许多种类的蟾蜍都是有毒的，但其中最危险的是海蟾蜍。事实上，在感觉受到威胁时，它们的身体会膨胀并产生一种毒性很强的物质，这种物质会从眼睛后面的腺体释放出来。在极端情况下，它们的毒液甚至可以喷溅到距离 1 米远的敌人身上。这种毒液无论是对动物还是人类来说，都很危险！

金黄珊瑚蛇

金黄珊瑚蛇标志性的特点是它们布满红、白、黄及黑色条纹的身体。为了自我保护，它们充分利用鲜艳夺目的外表，迷惑袭击自己的动物，让袭击者不知道该攻击哪里。它们的毒液也令其他动物望而却步。因为这些原因，它们还被其他蛇类模仿：有几种蛇外观看起来和它们非常相似，但其实根本没有毒，只是模仿金黄珊瑚蛇的样子吓唬敌人！

红耳龟

红耳龟的名字来自其头部两侧的红色斑点。它们求爱的方式是自然界最奇特、最原始的。雄红耳龟的体形比雌性小，它们会用爪子在雌红耳龟的头部两侧抖动，只有产生的瘙痒感符合雌性要求的雄性，才会被接受成为伴侣。

绿海龟

绿海龟是命运最多舛的动物。对它们来说，能活下来长大成年就像中彩票一样难！雌绿海龟将卵产在沙子里，留下它们自生自灭。如果卵没有被吃掉，那么小海龟会破壳而出，独自面临前往大海的艰难旅程，冒着被鸟类吃掉的风险穿过海滩。但即使到达大海，对它们来说也并不安全，海里仍然存在很多危险！

辐射陆龟

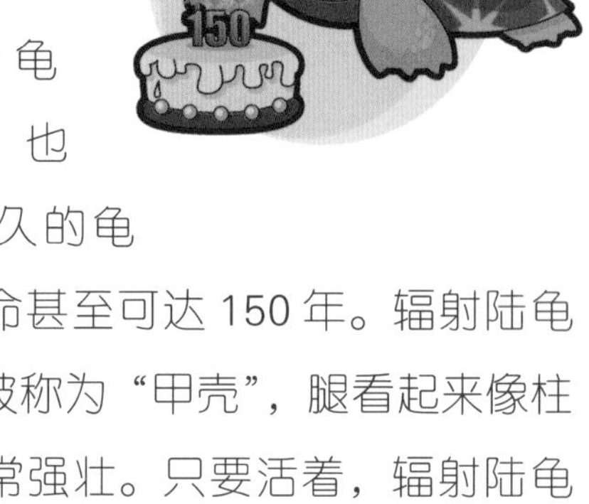

辐射陆龟是最长寿的，也就是活得最久的龟类动物，寿命甚至可达 150 年。辐射陆龟坚硬的外壳被称为“甲壳”，腿看起来像柱子一样，非常强壮。只要活着，辐射陆龟就会不断长大，直到死亡！它们没有牙齿，但长有类似鸟喙的尖锐结构，可以用来分解食物。

科莫多巨蜥

科莫多巨蜥也被称为“科莫多龙”，这种动物似乎是从史前时代走出来的！它们的体长可达 3 米，体重可达 160 千克，有一条长长的分叉舌头，伸出来可以吓退敌人；还有一条能够打击敌人的大尾巴；它们可以依靠后腿站立。科莫多巨蜥最可怕的武器是唾液，其中含有会引起感染的毒素。

纪录卡

RECORD FLASH

射毒眼镜蛇

与其他蛇类不同，
它们不咬人，但喷毒！

许氏棕榈蝮

唯一一种有睫毛的小毒蛇：
睫毛可以保护眼睛不被划伤。

红眼树蛙

最宅的青蛙：
永远不会从树上下来！

犰狳环尾蜥

最谨慎：
如果感到危险，就会蜷起身体。

拟蚺

随着年龄变换身体颜色：
幼时是彩色的，成年后会变成灰色。

壁虎

蚊子的克星：
对人类非常有益！

无脊椎动物

无脊椎动物数量非常多，比任何其他我们已知的动物都多。顾名思义，它们没有脊椎，是具有“柔软身体”的动物。很多无脊椎动物生活在海洋里，它们通常体形很小，但也有一些体形很大。

北极蛤

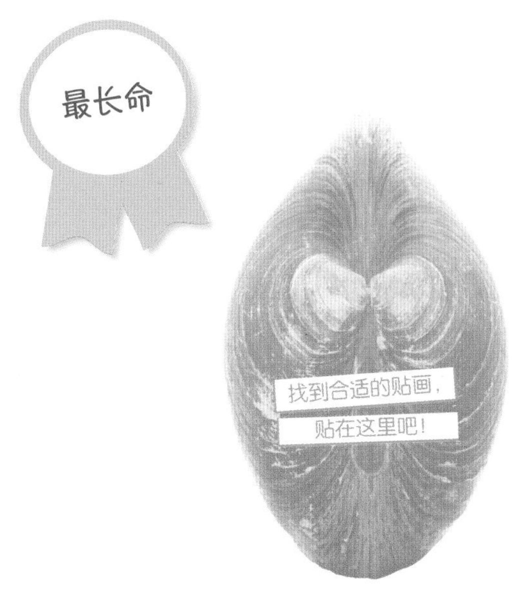

北极蛤绝对是寿命最长的无脊椎动物。它是一种双壳类软体动物，即由两半相互匹配的黑色贝壳组成，如同贻贝或蛤蜊。它们只生活在寒冷的北海和波罗的海，并且非常长寿：甚至可以活到 507 岁，这是一个真实的纪录！或许是因为居住的地方太过寒冷，好像住在冰箱里似的，它们才能存活这么久！

巨乌贼

巨乌贼和它们的整个家族（比如墨鱼、章鱼等）都是无脊椎动物，就像蜘蛛或者蚂蚁一样。它们拥有最大的无脊椎动物的称号！这是真正的庞然大物：我们所能看到的标本，包括长长的触手在内，可长达 15 米。巨乌贼生活在深海里，因此，我们确实很难遇到这些传说中的生物。

雀尾螳螂虾

雀尾螳螂虾的体形很小，其外表颜色鲜艳，有两颗凸出的小眼睛，是一种看起来相当有趣的甲壳类动物！但这不过只是表象！这种多彩动物真正的独特之处在于：它有一副极其坚固的盔甲，以及可以像棍棒一样旋转、用来打破猎物硬壳的爪子。总之，它就像是蛮横的“珊瑚礁”！

蜉　蝣

蜉蝣是一种只能存活一天的昆虫，保持着生命最短的纪录。在夏季的下午和晚上，你可以在水洼或池塘附近看到大量蜉蝣。蜉蝣幼虫凭借翅膀飞出水面，很快就转变为成虫。雌蜉蝣与雄蜉蝣在飞行中交配、产卵，然后死亡。在短暂的一生中，它们甚至没有时间进食！

黑脉金斑蝶

蝴蝶是最美丽和优雅的昆虫。黑脉金斑蝶体形中等，颜色华丽，其前后双翅正面有鲜艳的橙色及黑色斑纹。黑脉金斑蝶最喜欢旅行。在美国，黑脉金斑蝶在 9 个月的生活中要飞行约 2900 千米。秋季，它们会飞往温暖的加利福尼亚州，到了春天又会回到北方。在回家的旅途中，蝴蝶会在死亡之前产下卵。

甘氏巨足蟹

甘氏巨足蟹的大长腿伸开后，整体长度几乎可达 4 米，有一辆小汽车那么长，是已知世界上现存体形最大的节肢动物。与腿相比，它的身体要小得多，最大有 40 厘米长。这种螃蟹的重量可以达到 20 千克，外表通常呈橙色，长长的细腿上有白色斑点。它们生活在 200～400 米的深海中。

招潮蟹

招潮蟹是最吵闹的无脊椎动物。雄招潮蟹拥有一只大螯和一只小螯，俗称“钳子”。与身体的其他部分相比，招潮蟹的右钳非常大，它们会用其摩擦地面或身体来发出声音。在求爱期间，这种声音可以吸引雌性进入自己的巢穴。招潮蟹会做出舞动大螯的动作，像是在召唤潮水似的，因此而得名；这动作也像在拉小提琴，所以招潮蟹又叫作“提琴手蟹”。

竹节虫

竹节虫是一种非常特殊的昆虫，它们的身体又长又尖，还会根据所在的环境变化颜色，看起来就像一根小树枝一样！事实上，它们希望自己完全不被人注意，安心做一只真正的小透明虫。竹节虫非常胆小：白天，它们躲在树枝上一动不动；晚上，则会以非常缓慢的动作移动，如果遇到危险，就会散发难闻的气味来驱逐敌人。

蛞蝓

蛞蝓是行动最慢的动物，一小时爬行不到 60 厘米。相比之下，其他动物的速度简直快得像导弹一样！蛞蝓通过身体右侧前方的呼吸孔呼吸，多生活在与水接触的潮湿环境中。如果长时间不下雨，蛞蝓会黏附在一棵植物上，并一直在那里等待下雨。蛞蝓长得很像蜗牛，不过它们没有壳。

螳螂

雌螳螂是大自然中最残忍的妻子。在交配过程中雌螳螂会吞食雄螳螂，以这种方式获取孕期所需要的能量。螳螂也是唯一一种能够在不移动身体其他部分的情况下完全旋转头部的昆虫，这让它们可以不动声色地观察周围的情况。螳螂的前翅略带革质，后翅在腹端超过前翅，双翅如同薄纱般美丽。

蜂　虱

蜂虱是最贪吃的昆虫。它们把卵产在蜂巢中，孵化的幼虫以蜂蜜和蜂粮为食。其实这也不能怪它们，毕竟蜂蜜是那么美味！蜂虱从卵发育到成虫，生命周期约需21天。它们的整个生命周期都在蜂巢和蜜蜂的身体上度过。蜂虱体形非常小，成虫体长约1.5毫米、宽约1毫米，身体短粗，头略大。它们没有翅膀，浑身毛茸茸的。

跳　蚤

跳蚤是生物界不容置疑的跳跃冠军：无论是跳高还是跳远，助跑还是不助跑。这种令人讨厌的昆虫，会使猫、狗，还有其他许多动物皮肤发痒。它们是天生的跳高、跳远运动员：能跳到的高度达25厘米（约为自身高度的160倍），跳远的距离达35厘米（约为身长的220倍）。如果人类也像跳蚤一样擅长跳跃，那应该能跳到130米高、130米远！

蜘　蛛

蜘蛛是从表面上看眼睛数量最多的动物（不包含有复眼的动物）。平均而言，蜘蛛有 6 只眼睛，有些种类则可以达到 8 只。夜行类的蜘蛛视力不佳，它们更喜欢用腿来探索周围的环境。相反，白天活动的蜘蛛种类视力绝佳。根据蜘蛛的不同种类，4 对眼睛的排列方式也不同。幸运的是，蜘蛛不用戴眼镜，免去不少烦恼。

亚历山大鸟翼凤蝶

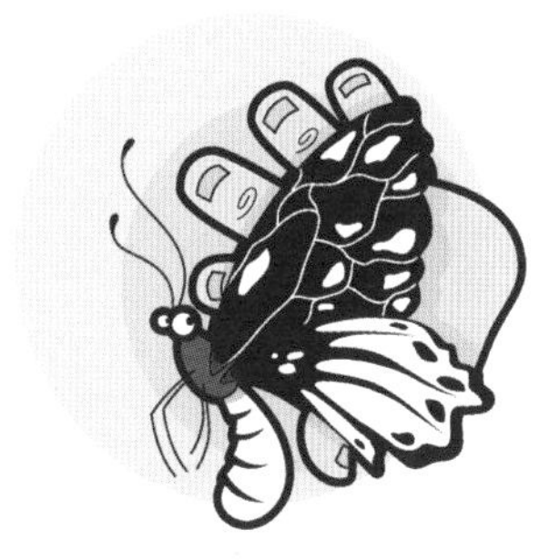

目前已知世界上最大的蝴蝶是亚历山大鸟翼凤蝶，生活在巴布亚新几内亚。它们的翅展可达 30 厘米。雄鸟翼凤蝶和雌鸟翼凤蝶的大小、颜色均有差异，其中雄较小，棕色的翅膀上有蓝色和绿色图案，腹部为明黄色；雌较大，棕色的翅膀上有白色花纹，身体为淡黄色。

大王花金龟

大王花金龟和瓢虫、萤火虫相同，都属于鞘翅目昆虫。它们是世界上最大的金龟，体重约有 115 克，大概相当于 150 只瓢虫那么重！它们长得也很长，约有 11～12 厘米。这种昆虫的背部非常特别：有黑色、白色或棕色相间，或者黑白相间的花纹。它们生活在非洲的热带森林中，目前已经非常罕见。

蚰　蜒

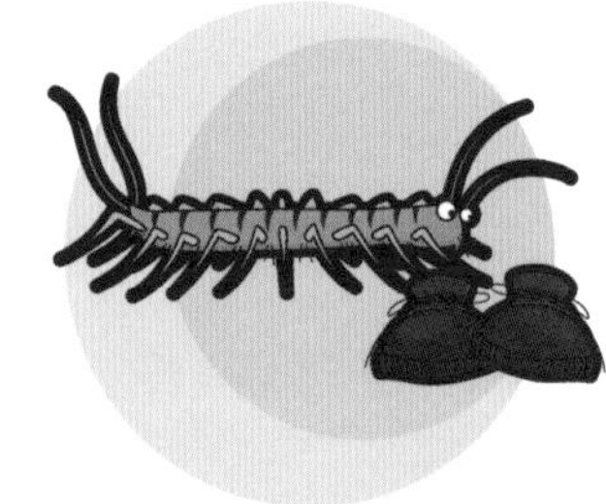

蚰蜒是腿最多的动物。它们的腿数从 15 对到 200 对不等。显然已经有人数过了！蚰蜒有很多不同的种类，最常见的种类体形较大，约有 28 厘米长，甚至可以吃下青蛙或者老鼠。这种节肢动物多生活在地中海以及美洲的热带地区。

大砗磲（chē qú）

大砗磲是最大的双壳贝类动物。它们栖息在印度洋和太平洋的热带珊瑚礁上。大砗磲体宽超过 1 米，重量能达 320 千克，以小型浮游动物和覆盖自己的有色藻类为食。大砗磲非常漂亮，它们的外壳由两瓣活壳组成，壳关闭时呈现出深深的褶皱，让人想起芭蕾舞裙。

黑寡妇蜘蛛

黑寡妇蜘蛛是世界上毒性最大的蜘蛛。幸运的是，通常它们咬人时，只注射少量的剧毒。它们的名字叫“黑寡妇”，是因为雌性有时会在交配后吃下雄性。但其实大多数时候，雌性会让雄性从容地离开，所以它们也没有传闻中那么坏！黑寡妇蜘蛛的身体为黑色，雄蜘蛛腹部有红色斑点。

缨小蜂

缨小蜂是目前已知世界上最小的昆虫，体长甚至不到1毫米，肉眼几乎看不见，被称为寄生虫。它们通常会潜入黄蜂建好的巢穴中，一旦进入，就会占领那里，从事自己的生产工作。不过它们实在太小了，谁知道它们整天都在做什么呢！

疟　蚊

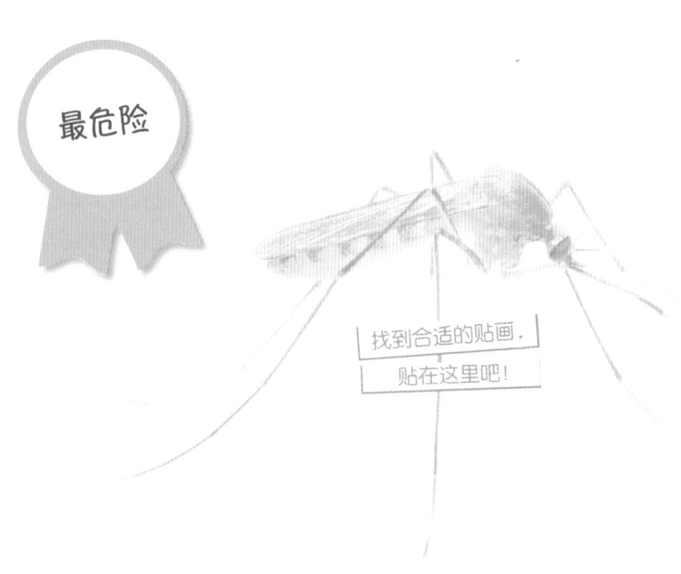

谁会想到呢？蚊子竟然是最危险的动物之一！在一些贫穷和气候炎热的国家，有一种被称为疟蚊的蚊子，被它们叮咬会传播一种相当严重的疾病——疟疾。在许多情况下疟疾可以被治愈，但也有可能致命，因此疟蚊比毒蛇更危险！谢天谢地，生活在我们周围的蚊子仅仅是让人讨厌而已！

纪录卡

RECORD FLASH

多音天蚕

最贪吃的无脊椎动物：
它从小就食量惊人。

蜜蜂

最具社会组织性的动物：
生活在群体里的每只蜜蜂都有自己的任务！

寄居蟹

寄居蟹是一种“共生体”动物：
永远在寻找可供迁移的贝壳。

海绵

最干净的无脊椎动物：
长在水中，
每时每刻都在洗澡！

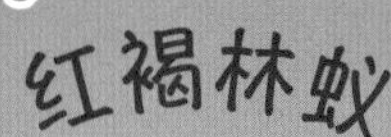

红褐林蚁

最强壮的动物：
可以举起自身
重量 10 倍的东西。

超级纪录

自然界中有许多奇怪的动物，但即使是最寻常的动物，也可能表现出奇怪的行为！以下这些是动物世界中最滑稽、最原始、最令人难以置信和最有意思的纪录！

白头海雕

白头海雕可以用树枝建造世界上最大的巢。巢的高度可达 6 米，宽度可达 3 米，重量能达到 2000 千克，有两辆小汽车那么重！白头海雕的巢穴建在岩石上。幸运的是，这种千辛万苦建成的巢穴可以让白头海雕居住很多年，只需时不时添些新枝就够了。

墨西哥钝口螈

墨西哥钝口螈是钝口螈科最大的成员，它们具有令人难以置信的适应能力：可以根据栖息的环境，决定变成鱼还是成为陆生动物。这真是太厉害了！而且，像海星一样，它们也能够让身体受损的部位重新生长。你可能不相信：它们甚至能再生部分大脑和脊髓！

树懒是最慢的哺乳动物！它们不仅行动迟缓，消化食物也很缓慢：吃下的食物需要一个月的时间才能到达肠道。由于这个原因，它们很难感到饱足，也只有在少数吃饱的情况下，才会从一直悬挂的树上下来。树懒以树叶为食，整日悠然自得，慢慢咀嚼！

水豚主要生活在南美洲，体重可达 65 千克，是世界上最大的啮齿类动物。它们是优秀的游泳健将，喜欢玩水，特别是在炎热的天气里。出生几个小时的小水豚就能够潜水了。它们的身体粗笨，鼻吻部异常膨大，耳小而圆，眼的位置较接近头顶。它们的两颗“门牙”永远磨不完，因为在水豚的一生中，这两颗牙齿会持续生长。

雄象海豹是令人难以置信的万人迷：它们喜欢被雌性包围，有些甚至拥有 150 个配偶。在持续两个月的交配季节里，雄象海豹会消瘦很多，因为它们只有不停地和其他追求者打斗，才可以享受雌性“众星捧月”的待遇，甚至连吃东西的时间都没有。可怜的雄象海豹！

电鳗是一种独特的鱼，因为它们可以发电。它们一个小时产生的电力能点亮 100 个 100 瓦的灯泡！在光线难以抵达的海洋最深处，还有其他一些鱼类也可以自己照明。这种特殊的能力被称为“生物发光”。

小食蚁兽的体温是哺乳动物中最低的，常规体温约 34 摄氏度。然而，这并不意味着它们的身体很冷哟！这种动物还有一个有趣的特点：没有牙齿！好在它们有又长又黏的舌头，可以帮助其捕食蚂蚁。

斑鬣狗是一种来自非洲的恐怖凶残的动物。它们拥有强有力的尖牙，咬合力甚至比狮子还强，算是世界上咬合力最强的哺乳动物。斑鬣狗可以完败藏獒，也可以是狮子的对手。另外，在非洲，斑鬣狗是可以发出最多不同声音的哺乳动物，发出的声音不同，代表的含义也不同。

负鼠可是小骗子！当它们感觉到有危险时，就开始装死，等待敌人扔下它们独自离开。为了演好角色，它们侧躺在地，身体僵直，伸着舌头流口水。负鼠可以保持这个姿势 4 个小时以上！实际上，这种反应是无意识的，但确实能救它们的命！

猩猩有时排出的大便堪称世界第一臭！这种现象发生在某些极端情况下，比如当猩猩吃了一种产自马来西亚或印度尼西亚的名为“榴梿”的特殊水果，即使没有经过猩猩的肠道消化，榴梿本身就具有一种强烈的异味……之后，想象一下吧！

北极熊

北极熊有着动物界中最特别的皮毛。事实上，它们的毛发并不是白色的，而是透明的，但整体看上去，就像是白色的。这与我们观察雪时发生的现象类似，肉眼看上去雪是白色的，实际上它是由无数的透明水滴组成的。

群居织巢鸟

群居织巢鸟是真正的“建筑师”，并且团队作业！它们的巢穴可容纳数百只鸟，就像我们的城市公寓一样。每对鸟夫妇都有自己的房间，并在巢穴底部有一个独立的入口。由于这些“公寓”非常重，群居织巢鸟必须谨慎选择足够坚固的树枝来建造。

普通楼燕

普通楼燕睡得可真沉！它们甚至可以边飞边睡，打雷都惊不醒。它们是了不起的飞行员，大部分时间都在空中飞行。除了睡觉，它们还可以在飞行过程中交配和捕食小飞虫。普通楼燕非常擅长猛扑和转向，由于飞行速度可达 200 千米每小时，它们很少被捕食者捉到。

斑点臭鼬

斑点臭鼬是最臭的动物。作为臭鼬的表亲，它们更加活泼机智，也是同类中唯一会攀爬的。除了在遇到危险时会散发臭味，就像其他鼬科动物（它们的近亲）一样，在繁殖的季节——春天，为爱疯狂的臭鼬会用臭味沾染周围的所有生物……吸引那些靠近自己的同伴！

海星

每只海星的形状和颜色都是独一无二的！事实上，即使它们由于某种原因失去或损坏了身体的一部分，也能够自我修复。海星也是一个可怕的捕食者：不仅可以通过散布在全身的众多知觉细胞来感知猎物的存在，而且可以凭借五个腕下方强大的吸盘，将软体动物从壳中拉出来。

寒鸦

寒鸦属于小型鸦类，以其娇小的体形和细短的喙而著称。它们是一种交际型鸟类，生活在群体中。出生仅一年后，雄寒鸦就会去寻找将与自己共度一生的伴侣。一旦找到，它们就会不离不弃，保护彼此免受危险。有一个有趣的现象：寒鸦夫妇会一起寻找适合筑巢的洞穴，就像新婚夫妇一样！

白蚁王国中有三类群体，每类白蚁都有特定的任务：工蚁供应食物，兵蚁保卫领地，繁殖蚁使族群繁衍生息。它们之中有蚁王和蚁后，两者终生生活在一起，可长达 25 年，生出数以百万计的小白蚁。另外，白蚁还是不知疲倦的建筑师：它们的巢穴——白蚁丘，可高达 6 米，里面还装了“空调”，使空气保持流通。

巨嘴鸟是喙最大的鸟类，它的喙甚至能超过整个身体长度的三分之一。巨嘴鸟的喙虽然看上去很笨重，但是喙骨并不是一个致密的实体，而是中间贯穿着海绵状骨质组织，非常轻巧，特别适合从树上采集水果。巨嘴鸟与啄木鸟属于同一个家族，因此它们经常在树枝上有节奏地啄木，有时会发出类似旋律的声音。

索 引

动物索引

Contrasto: © Rod Williams/NPL 6bs; 13b; © Tony Wu/NPL p. 8b; © Thomas Marent/Minden Pictures p. 13a; © Phil Savoie/NPL p. 30b; © Fabio Liverani/NPL pp. 32bs, 34b. © Doug Perrine/NPL pp. 32s; 37b; © D P Wilson/FLPA/Minden Picture pp. 32as, 38b; © Tim MacMillan/NPL p. 34a; © Kim Taylor/NPL pp. 35b, 58/b; © Norbert Wu/Minden Picture pp. 36b, 37a; © Barry Mansell/NPL p. 45a; © Wild Wonders of Europe/NPL pp. 52as, 62a; © Ingo Arndt/Minden Pictures p. 53a; © Christian Darkin p. 53b; © Dr Brad Amos p. 58a; © Jabruson/NPL p. 60a; © Thomas Lazar/Minden Picture p. 71b.

Creative commons: © José Luis Bartheld p. 15a.

Fotolia: © vencav pp. 6s; 11a; © Kylie Ellway pp. 6as, 10b; © Johans wanepoel p. 7b; © stuporter p. 11b; © mattiaath p. 12a; © anakkml p. 16a; © creativenature.nl p. 18b; © JackF pp. 24a, 64s, 66b; © coffeemil pp. 20s, 26b; © scooperdigital pp. 20as, 22b; © siamphoto pp. 20bd, 23b; © pmassie p. 21a; © Andrey Kuzmin p. 29a; © jagrouik pp. 32ad, 40a; © Francesco Pacienza p. 39a; © crisod p. 39b; © i_bovet pp. 42bs, 49b; © Oleg Zhukov p. 43a; © srckomkrit p. 44a; © sommai pp. 52ad, 55a; © Arturo Fra pp. 52bs, 57b; © mgkuijpers pp. 52bd, 56a; © Victro p. 54b; © Micahel Drak p. 59a; © peter_waters p. 61b; © janossygergely pp. 64bs, 66a; © bereta pp. 64d, 73b; © birdiegal p. 65a; © Andrzey Rostek p. 67a; © sharpphotos p. 68b; © Erni p. 72b; © RomCan p. 73a.

Getty Images: © Merlin DTutle p. 15b; Ingo Arndt/Minden Pictures p. 53a.

Shutterstock: pp. 5, 6ad, 7a, 8a, 9a, 10a, 12b, 14a, 16b, 17a, 17b; © claffra p. 18a; pp. 20bs, 21b; © Eric Isselee p. 22a; 23a, 25a, 25b, 26a, 28a, 28b, 27a, 30a, 32bd, 33a, 33b, 35b, 36a; © picturespartners p. 38a; © Maxim Petrichuk p. 40b; 42s; 42ad, 42as, 42bd, 43b, 44b, 45b, 46a, 47a, 48a, 48b, 50b; 52as, 54a, 55b, 57a, 59b, 60b, 65b, 67b, 70b, 71a.

stock.adobe.com: pp. 42s, 50b.

图书在版编目（CIP）数据

瞧，150种创纪录动物 /（意）朱莉娅· 巴尔塔洛齐文；（意）丽塔· 贝维尼图；麻钰薇译. -- 北京：北京联合出版公司，2021.12

ISBN 978-7-5596-5612-4

Ⅰ. ①瞧… Ⅱ. ①朱… ②丽… ③麻… Ⅲ. ①动物—少儿读物 Ⅳ. ①Q95-49

中国版本图书馆CIP数据核字（2021）第205367号

Original title: Animali 150 record
Texts by Giulia Bartalozzi
Illustrations by Rita Bevini

瞧，150种创纪录动物

文：[意]朱莉娅 · 巴尔塔洛齐（Giulia Bartalozzi）
图：[意]丽塔 · 贝维尼（Rita Bevini）
译　　者：麻钰薇
出 品 人：赵红仕
出版监制：刘　凯　赵鑫玮
选题策划：联合低音
特约审校：高　源
责任编辑：牛炜征
特约编辑：李春宴
封面设计：何　睦
内文排版：薛丹阳

关注联合低音

北京联合出版公司出版
（北京市西城区德外大街83号楼9层　100088）
北京联合天畅文化传播公司发行
北京华联印刷有限公司印刷　新华书店经销
字数94千字　787毫米 × 1092毫米　1/12　$6\frac{2}{3}$印张
2021年12月第1版　2021年12月第1次印刷
ISBN 978-7-5596-5612-4
定价：78.00元